地底世界大冒险

[马来] 陈葆元 著

马来西亚氧气工作室 绘

石油工业出版社

前言

自古以来，人类对大自然的好奇心如同不灭的火焰，照亮了我们探索未知世界的每一步。探索，这一永恒的追求，就像一股永不停息的潮流，推动着我们去揭开大自然的神秘面纱。从喷薄的火山到浩瀚的太空，从深邃的地底到辽阔的海洋，自然界的每一个角落都蕴藏着未知的秘密，等待着我们去发现。

《探秘大自然》丛书像一把钥匙，轻轻翻开这套书，便开启了通往未知世界的大门。丛书以"探秘"为主线，巧妙地将引人入胜的故事与系统全面的硬核科普知识完美融合，引领我们深入大自然的神秘腹地，探索那些鲜为人知的奥秘。

在这场奇妙的探险之旅中，我们将一起了解火山的形成，感受地热的脉动，领略温泉的魅力，学习预防山崩的知识，解开蓝洞的谜团，认识多种多样的海洋生物，追溯宇宙的起源，探索火箭、人造卫星和航天器的奥秘……书中近千幅精美的手绘插画和大量形象直观的示意图，让复杂的科学知识变得生动易懂，让孩子们在趣味中学习，在探索中成长。丛书涵盖了中小学多门学科

知识，集科学性、知识性、趣味性为一体，是孩子们认识自然与科学的启蒙读物，相信一定能为孩子们带来一场震撼心灵的科普盛宴。

现在，让我们携手踏上这场大自然的探索之旅，愿孩子们学会与大自然和谐相处，珍爱我们的地球家园，共同守护这颗美丽的星球！

主要角色简介

小尚(13岁)
- 聪明、冷静、分析力强
- 喜欢高谈阔论，偶尔眼高手低
- 科学及理论主义者

小宇(13岁)
- 好奇心重、好胜心强、爱贪小便宜
- 勇敢、百折不挠、永不放弃
- 喜欢逞英雄

石头(15岁)
- 力气大、食量大、身形也大
- 沉默寡言，但诚实可靠
- 维修高手

STARZ (外号小S)
- 达文西博士发明的小机器人
- 有扫描、分析、记录、摄影、通信等功能
- 外形百变，是能储存大量资料的超级微型电脑

艾美丽(13岁)
- 聪明、反应敏捷
- 爱美、个性很酷
- 电脑高手

达文西博士 (60岁)
- 星球科学研究院教授
- 拥有天马行空的创意
- 学问渊博、喜爱冒险，但生性懒散

戴安娜(30岁)
- 星球科学研究院负责人，达文西博士的得力助手
- 成熟、美丽、大方
- 擅长解决难题

时空穿梭机
- 达文西博士的重大发明
- 可以将X探险特工队传送至不同的时空执行任务
- 可在紧急时刻运送需要的物品

目录

第1章
谜之地陷

中国——某少数民族村落

爷爷！

爷爷！

我和阿光去森林那边玩啦！

知道了！要在我们的仪式开始前回来，还有你们要小心……

不要跑太远！别乱吃东西！还有小心奇怪的洞！

这些我都知道了，爷爷！

真不愧是我的孙子，真像我！

爷爷真是啰唆……

对了，今天要玩什么呢？

啊！

咦？知道要玩什么了吗？

让我方便一下再想吧！

真是的！下次拉完再出来啊！

快！

快！

这次我们要找的……

是能够用屁炸开一个洞的神秘族群!

找得到才怪呢!

笨蛋!

咦?不是吗?

我想当地土著只是欠缺地陷方面的知识才会如此大惊小怪吧!

别难过,吃番薯吧!

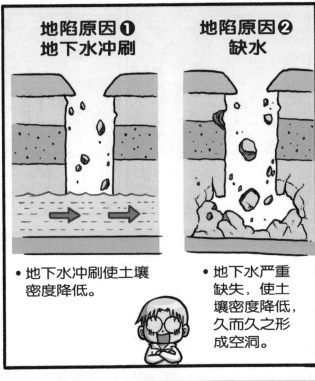

地陷原因❶ 地下水冲刷

- 地下水冲刷使土壤密度降低。

地陷原因❷ 缺水

- 地下水严重缺失,使土壤密度降低,久而久之形成空洞。

小尚你说得没错,但是如果和那些土著说的一样呢?

难道……

其实早在几天前，我的一名地质学家朋友——罗伯特就已前往当地考察……

并和当地的土著接触。

虽然找到最近才出现的地陷之洞，但为了进一步了解这个地区的地质情况，他又四处去考察。

太不寻常了，竟然有这么多的地陷发生……还好附近是空城……

令人意外的是，接下来他又陆续发现了许多大小不一的地陷之洞。

也许那东西正是当地土著所害怕的……

地狱之虫！

这就是那张决定性的照片。

到底真相是什么呢？好想知道啊！

喂！我说，那只地狱之虫在哪啊？

嗯……

不知道啊！只看到一个自拍很丑的大叔！

我知道了！那地狱之虫就是那个大叔！

竟然会扮成人类！太恐怖了！

冷静点！

咚！

用这东西看应该会比较清楚吧！

晕

大家别怕！

唔?!

出现

我们X探险特工队来啦！

哇！好高啊！大家不要推！要掉下去了！

太好了！大家都没事……

嗯!!!!

怎么会有根柱子在这里啊?

以科学的角度看

宇宙的诞生

对于宇宙的诞生，科学界最主流的观点就是"大爆炸"。大爆炸这一模型的框架是基于爱因斯坦的"广义相对论"，其理论描述了大约在137亿年前，发生了宇宙大爆炸，宇宙因此从一个极为紧密且炽热的奇点膨胀到现在的状态。

太阳系形成

 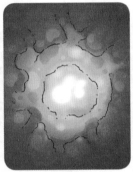 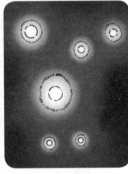 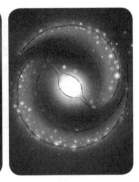

宇宙大爆炸 ▶ 气体云团形成 ▶ 最初的恒星形成 ▶ 银河系形成

星云坍缩

根据"太阳星云假说"，太阳系原始的形态是一个巨大星云，当这个星云有了足够的密度，便会开始收缩，形成扁平的碟子状，温度也逐渐升高。

原太阳

原太阳的密度不断增加，逐渐变成太阳星云的重心。大约在一千万至五千万年后，原太阳终于达到核反应所需的温度和压力，变成真正的太阳。

行星形成

太阳形成后，星云中的尘埃和气体逐渐聚拢成团，互相碰撞，形成了行星、卫星等天体系统。我们的地球，就是在这种情况下，于约46亿年前诞生的。

原来我就是这么诞生的呀！

最大的类地行星——地球

地球是太阳系中距离太阳第三近的行星。地球的直径、质量和密度，都是太阳系的类地星球中最大的。太阳系的类地行星有四个，分别是水星、金星、地球和火星。类地行星的构造都很相似，中央是以铁为主的金属中心，围绕在周围的是以硅酸盐为主的地幔。

地球的构造

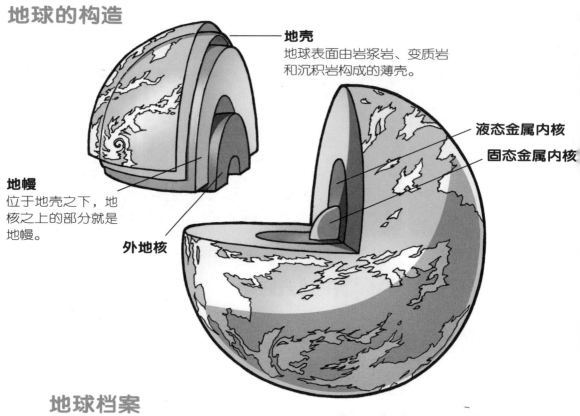

地壳
地球表面由岩浆岩、变质岩和沉积岩构成的薄壳。

液态金属内核
固态金属内核

地幔
位于地壳之下，地核之上的部分就是地幔。

外地核

地球档案

赤道半径	约6378千米
极半径	约6357千米
质量	约5.97×10^{24}千克
赤道自转速度	约466 米每秒

就是5970000000000000000000啊！

5.97×10^{24} 是多少啊?

第2章
潜入地洞

这里还真是安静啊……都没有人住在这儿了吗?

听说这里被空置了五六十年,只有少数人还居住在这儿……

不过也正因为如此这次的地陷事件没造成多大伤害。

说起来,为什么我们不直接在其他地陷的洞调查啊?

与其调查普通的地陷之洞……

还不如直接调查地狱之虫曾经出现的洞更接近真相。

这里就是那个"萝卜"大叔拍到的地狱之虫曾出现的洞吧……

不愧是地狱之虫曾出现的洞，好像听见了来自地狱的求救声！

真的哎！

救命！

喂！真的有人在求救啊！

救命！

谢……谢……

呼

呼——呼

大叔你是怎么被困在这里的啊？

咦？你不就是那个地质学家"萝卜"大叔吗？

是罗伯特！认识我？

原本我是打算离开的，可是又好奇这个洞，结果一不小心就……

幸好你们及时出现……

不！是那个自拍很丑的"萝卜"大叔！

切！原来是这样……

等等，难道你们是达文西博士派来的X探险特工队？

根本是小孩嘛……

哈哈哈……

没错！正是我们！

好吧，难得遇到你们，虽然不是什么好东西，但至少拿着这个吧……

算是给恩人的礼物吧……

？

……

这不是录音笔吗？为什么要给我们这个？

当然是为了让你们在遇到危险时可以录下遗言了!

我们死都不会用它的!

不过其实它也是我的幸运护身符。

这里的谜团就拜托你们解决啦!

祝你们好运!你们会用到它的……

拜!

"萝卜"大叔……

你好像比我们更需要幸运护身符啊……

要还回去吗?

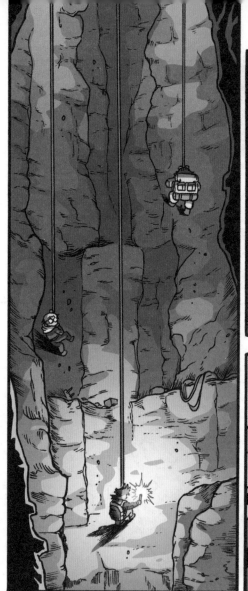

小……
小宇……还没
到洞底吗?

快不行
了……

你在说什么啊,
小尚! 我们才下来
不到十分钟,怎么
可能那么快……

咔!

啊! 到洞
底了……

我说……
这里根本就
是很普通的
地……

X探险特工队……

你们听得到吗？

哦，看来你们已经到地底了！有什么发现吗？

我们发现一个可疑的洞，有可能和地狱之虫有关，正想要去看看……

不行啊，进不去！里面被塌下来的土堵住了！

看来我联络得正是时候，你们稍微退后一下，我要把新发明的工具送去你们那里！

反正不是这种的……

这种吧！

就是……

不会要自己挖吧……

不足的地方就由我们补上去！

在干什么？快上来啊！

我说话你别插嘴！

好了，事不宜迟！我们快点钻进洞里调查吧！

哦——！

轰——

启动！

沙……

偏偏这台钻土机的缺陷就是没空调！

你们事真多！

像我保持"心静自然凉"的状态就不热啦！

晶！

你才没资格说我们呢！

你们不懂的……

这是"心静自然凉"的最高境界了！

隆——！

?!

到底撞到什么了？

小尚，石头……

我想我们找到避暑的地方了！

走！
去玩水喽！

等等，
小宇！

小尚，就算
你阻止我，
我也还是
要下水的
……

你在说什么？我
是叫你脱衣服！
弄湿了可不好！

啊！水！

比我还兴
奋……

以科学的角度看

从地球的诞生到现在

地球诞生于约46亿年前。漫长的岁月中，地球从一个炽热的岩石球，逐渐冷却固化，形成了原始的海洋、陆地和大气。后来，原始生物在严峻的生活环境中逐渐演化，随着氧气的增加，地球上的生命愈加蓬勃，最终地球才成为太阳系中唯一充满生命力的行星。

46亿年前

炽热的地球逐渐冷却固化，在其表面形成了海洋、陆地和大气。这个时期的地球并不稳定，地质活动仍十分剧烈。而在41亿年前至38亿年前这段时间被称作"后期重轰炸期"，地球在短时间内被大量的小行星或彗星撞击。有部分科学家推测，地球上大量的水分就是由这些彗星带来的。

小行星碰撞

岩浆海

地壳形成

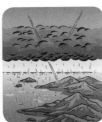

第一场大雨

天空放晴

38亿年前

地球的岩石开始稳定存在，而目前地球上能找到的最古老的岩石，就是这个时期保存下来的。这时期的原始大气还是以甲烷为主，因此只有少数的细菌和低等蓝菌生存。

25亿年前

地球的氧气含量已变得十分丰富，许多菌类、藻类植物和古代微生物开始出现。这时候地壳活动越来越广泛，造山运动越来越频繁。

5亿年前

这是大量较高等生物出现的时期，因此被称为"显生宙"。地质时代从古生代、中生代、新生代，一直发展到现在。

1亿年前

现在

地壳

地球最外层的结构是由火成岩、变质岩和沉积岩构成的薄壳。地壳可分为大陆地壳和海洋地壳。大陆地壳主要是由含铝、钾、钠的硅酸盐岩石构成，平均厚度约为33千米；海洋地壳则主要由含铝、铁、镁的硅酸盐岩石构成，平均厚度只有几千米。

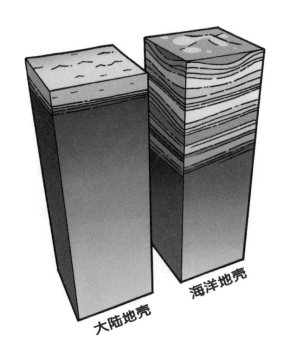

大陆地壳　　海洋地壳

岩石圈

地球的最外层是由地壳和一部分上地幔构成的岩石圈。岩石圈的厚度因地而异，一般大陆地壳的岩石圈会比海洋地壳的岩石圈厚，平均厚度约为100千米。

板块

岩石圈并非一个整体，而是由许多板块组成。目前地质学家把岩石圈分为七大板块，即太平洋板块、亚欧板块、印度洋板块、非洲板块、北美洲板块、南美洲板块和南极洲板块。

> **小常识**
>
> 板块与火山、地震的关系密切。板块交界处往往是火山喷发和地震发生频繁的地带。

第3章
放弃任务

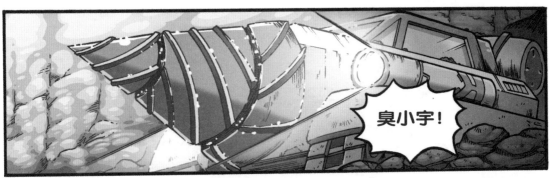

臭小宇！

说什么机器人不用泡澡，把我留在这待机！气死人了！

呼！现在舒服多了……

话说……

怎么他们过了时间还没回来啊？

放心吧！你们现在很安全。

你们现在在我们的钻土机"蝎子号"里。我是这里的负责人——菲立·R·斯科姆。

我是第一助手，科特·D·罗姆斯。

第二助手，西罗·F·夏鲁。

对了，他们就是把你们从昏迷中救起来的恩人哦！

原来是恩人，失敬了！我叫小宇·A·Rain！

我叫小尚·B·Shawn！

石头·C·Stone！

你们这几个小孩的胆子真大呢……

你们这名字是在嘲笑我们吗？

没调查清楚就随便进入洞里。要知道这里的水排出的气体，吸入过量是会缺氧的。

还好我们及时出现，算你们好运！

嘶〇〇〇〇〇〇

嘶〇〇〇〇〇〇

呀——！过奖了！大胆和好运正是我们的标签呢！

他不是在称赞我们啦！

对了，菲立先生，你们为什么会在这呢？

既然这样，那我们一起合作……

不行！

目的跟你们一样，也是调查地陷的原因。

听小S说了你们的事……

留下来调查的是我们！我要你们这群小孩子现在就回去！

咦？

为什么？人多不是比较好办事吗？我们一定可以帮上什么忙……

别开玩笑了！刚刚你们还在生死边缘呢！而且区区几个小孩能帮上什么忙？

够了，小宇！菲立大叔说得对，我们可能帮不上什么……

可……可是……

而且你看看他们身后的装备就知道他们是有备而来的。

……

小尚……

看你一脸高兴的样子，结束调查你应该很开心吧？

我不愿意结束，不过没办法嘛……

骗人！

就这样……

X探险特工队任务 放弃!!!

真是的……

到底是什么样的小孩会跑到这里来啊?

害我们把时间浪费在他们身上。

不用担心，还是来得及的……

我们继续调查就可以了。西罗，这方向没问题吧?

没问题，就这样前进吧!

劈!

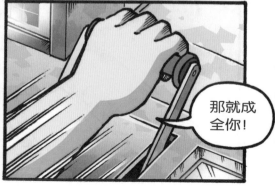

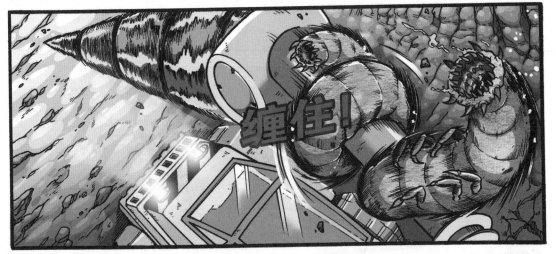

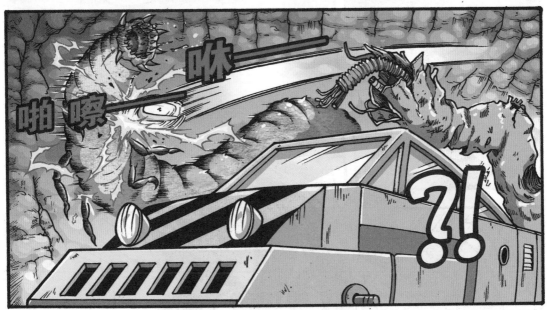

地震

地震是一种地壳发生震动的现象。板块与板块相互挤压，造成岩层错动，是引起地震的主要原因。地震主要发生在板块的交界地带，只有极少数情况会发生在板块内部。

构造地震示意图

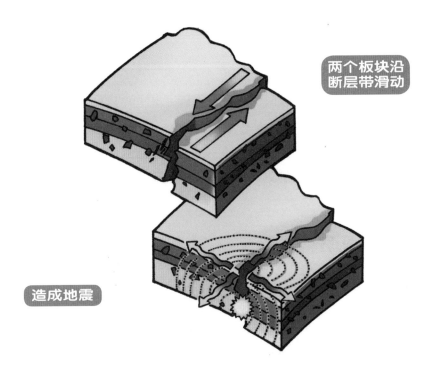

两个板块沿
断层带滑动

造成地震

地震带

地震带是指地震集中发生的地方。地震主要发生在地壳不稳定的区域，而板块之间的交界处往往就是地震活跃的地带。此外，板块内部的断裂带也有地震带。规模最大的地震带有环太平洋地震带和欧亚地震带。

小常识

环太平洋地震带是地震发生最频繁也最强烈的地带。地球上有约80％的地震都发生在这里，远超其他地区。

火山

火山是地底深处喷发出来的高温岩浆及其他物质，在地面凝固而成的地质结构。火山可分为活火山和死火山。活火山是还能周期性喷发的火山；死火山是没有再喷发迹象的火山。

火山的形成

火山的形成与板块运动有密切的关系。地底的高温使被挤压到下方的板块熔化成岩浆，在气体压力累积到一定程度时，火山便会喷发。

- Ⓐ 板块互相推挤，密度较高的一边下降。
- Ⓑ 高温使板块变成熔融态，形成岩浆。
- Ⓒ 岩浆聚集成岩浆库。
- Ⓓ 岩浆中的压力引发猛烈爆炸，使岩石破碎，进而打开火山喷发的通道。

火山的外形

火山的外形会因火山活动喷发的岩浆、气体与碎屑物的不同而不同。火山外形主要有层状和盾状。

层状火山的构造

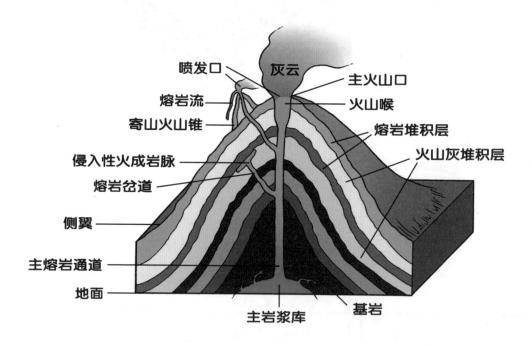

火山的分布

由于火山的形成与板块推挤有极大的关系，因此火山主要分布在板块交界处，并且与地震带有相当程度的重叠。主要的火山带有四个，分别是环太平洋火山带、洋脊火山带、红海沿岸与东非火山带和地中海—印度尼西亚火山带。其中，环太平洋火山带的火山数占了全世界的60％。

火山的喷发形式

火山的喷发形式多样，其分类主要取决于火山的内部聚集量、岩浆的温度等因素。典型的火山喷发形式有夏威夷式、斯特隆布利式、普林尼式和培雷式等。

典型的火山喷发形式

夏威夷式喷发

斯特隆布利式喷发

普林尼式喷发

培雷式喷发

地下水

地下水是贮存在地表下岩石裂缝和土壤空隙中的水。地下水的特点是水量稳定，受气候的影响较小，污染程度也较低。地下水可用作居民生活用水、工业用水以及农业灌溉水源。

地热能

地热能是一种来自地壳的天然热能。虽然人类很早就懂得利用地热能，但大规模开发利用还是20世纪的事。地热能的好处是稳定并且可再生。

◀ 温泉是人类最早利用地热能的方式。这种从地下自然涌出的泉水，不仅让人在寒冷的时候有热水可以洗澡，而且往往有保健的效果。

间歇泉

间歇泉是温泉的一种，每隔一段时间喷发一次。

间歇泉的形成

地下水流经炙热的岩石和岩浆时被加热，水温上升。

上面的冷水像高压锅的盖子一样罩在下面的热水之上，冷热相遇，压力也随之产生。

最后，热水的压力超过上方冷水的压力，喷出地表，形成间歇泉。

小常识

尽管地下水带给人类极大的便利，但是过度开采会导致地层下陷。

第4章
地狱之虫
之谜

稍早前

……

想不到这次任务才开始不久我们就要回去了。

谁说我们要回去的?

咦?可是……

嘿嘿……

我们只答应不再调查,但是没说不能参观这地底世界啊!

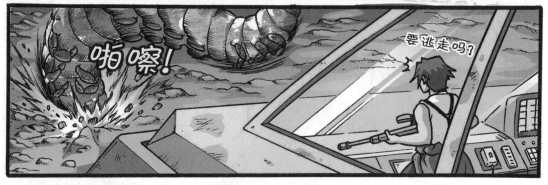

唔……

沙。。。。。。

跑掉了!

菲立大哥,看来你们现在需要我们这群小孩的帮忙哦!

气死人……

……

虽然不想承认,但好像是这样呢……

这里已经与蝎子号连接好了！

好！

现在开始启动引擎！

谢谢你们啊！还肯带着蝎子号走。

没问题啊！那上面有你们重要的仪器吧！倒是我们才要谢谢你们……

把你们的空调装在我们的机器上，让我们重新活过来了。

不，你们的钻土机没空调，我们也很难受……

不过我想菲立大哥你该告诉我们了吧……

？

其实你们早就知道那只巨虫的存在了吧！

你们多数的装备都是用来对付巨虫的！

咦？是这样吗？

大……大哥……

啊……看来不说不行了。的确我们是知道那只巨虫的存在的……

果然那只就是地狱之虫吗？地陷会发生也是因为那只虫吧！

等等，我想我没说清楚……

不是那一只，而是……

就是找到它们的巢穴！

不过要找到它们应该很容易吧！它们那么大，挖过的洞很容易被发现吧……

吐出来

吃进去

不，这才是最难的部分！由于生理结构的关系，它们挖过的洞都会被吃进去的土重新埋起来。

这也许会是赌上性命的探险，如果你们害怕可以……

是啊……

我们是害怕啊……

可是……

我们更害怕看到牺牲者出现！这任务我们不能放弃！

为什么这些帅气的对白都是你讲……

哈哈哈哈哈

你们果然是群有趣的小孩……

之前你们说是来参观的吧……

带你们去个好地方。

好地方?

到了你们就会知道了！

滴......

滴......

哇！

骗人！这么大的钟乳石我还是第一次看到！

是吧！我们几天前发现的时候也吓了一跳......

要形成这个大小的钟乳石......

至少要千年......不！也许得花上万年的时间！

大哥只要说起关于洞穴的事就停不下来。

你懂得挺多的嘛！

摇头

太……太厉害了!

有个奇怪的石柱好像花洒一样,一直有水流出来。

你的没什么了不起!看我发现的巨型汉堡包!

很像你会找的东西!

小宇,石头!你们一定不会相信我发现的……

看!我的专属钟乳石!

骗人!

菲立大叔，看来你真的很喜欢地洞呢！

我也要找到自己的钟乳石！

是啊！你不觉得很奇妙吗？地底充满了谜一样的空间……

每次进入地底发现新的东西时，总是让人特别兴奋呢！

发现新东西让人特别兴奋吗？

不过为什么……

我却觉得很累！钻土机还有那么远啊！

早知道不走那么远了！

好累！休息一下……

蠕动‥‥‥‥   蠕动‥‥‥‥

呼——

呃?

阿嚏!

好冷哦!天气开始转凉了……

不知道那群孩子现在怎样了?

以科学的角度看

矿物

矿物是地壳自然产出的物质，是组成岩石和矿石的基础。矿物可以组合出现，例如：大理岩里混合了方解石和白云石，花岗岩则混合了石英、碱性长石、酸性斜长石。

◀ **花岗岩**
由石英、碱性长石、酸性斜长石等组成。

金属矿物

金属矿物是拥有明显金属性的矿物，具有导热性良好、不透明和导电的性质，通常都有金属光泽。自然金、自然银、黄铜矿和铝土矿都是金属矿物，而铝是地壳中含量最高的金属元素。

▲ **铝土矿**
铝土矿是重要的含铝矿物，也是制造铝的主要原料。

▲ **罐头、饮料罐和铝箔纸**
铝的优点是密度小、导电和导热性能佳、延展性好、不易发生氧化作用，缺点是太软，但制成铝合金即可解决这个问题。

非金属矿物

非金属矿物通常呈非金属光泽，透明或半透明，导电、导热性差。石英、水晶、石棉、金刚石等都属于非金属矿物。

◀ **石英**
石英是地球最常见的非金属矿物之一，而紫水晶和茶晶都是石英的变种。

小常识
金刚石是自然界中目前已知的最硬的物质。

化石燃料

地球天然的化石燃料包括石油、天然气和煤炭。燃烧化石燃料可产生能量，用于发电，对人类的贡献巨大。煤炭、石油和天然气都是不可再生资源。

石油与天然气

动植物的残骸经历过地下高温高压和千万年细菌的分解，形成了石油和天然气，两者通常会一起出现。分馏石油后，可产生汽油、柴油、润滑油、沥青等物质。

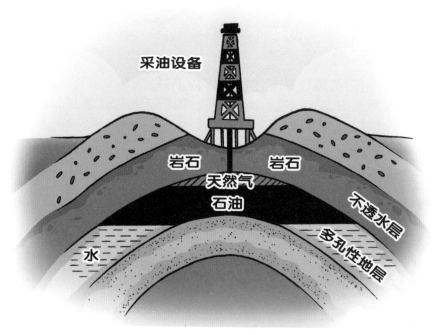

采油设备

岩石　岩石

天然气

石油

不透水层

多孔性地层

水

煤炭

古代植物经过悠久的岁月和地壳的变动，在温度和压力的作用下，就会形成煤炭。燃烧煤炭时会释放出污染环境的物质，如硫化物。

► 除了生活中用来生火烧烤，煤炭还被用于发电、生产建筑材料、炼铁等。

小常识

世界上大部分的能量产自化石燃料，但化石燃料终会有耗尽的一天。因此，人类大力发展可再生能源，如太阳能和风能。

第5章

祸不单行

据说，人因车祸而死的概率是千分之一……

被蜜蜂攻击而死的概率是十万分之一……

嗡——

被闪电击中而死的概率是千万分之一……

轰——隆

但我相信……

啪——

——啦！

没有人比我更幸运，因为……

被莫名其妙的巨虫吃掉而死的概率……这个无从计算的未知数被我碰上了。

这也太幸运了吧……

不管怎么算，在我怕虫又吓到脚软的情况下……

我的存活概率少于1%……

但那只是在普通情况下……

有那个笨蛋在的话……

至少能提高到10%！

小尚！

发现得太慢了！你们……

丢

啪！

菲立大哥！

知道了，别催我！

你这臭虫……

离我们家小尚……

远一点!

咻

咻

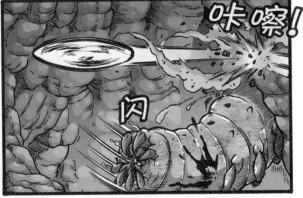

咔嚓！

闪

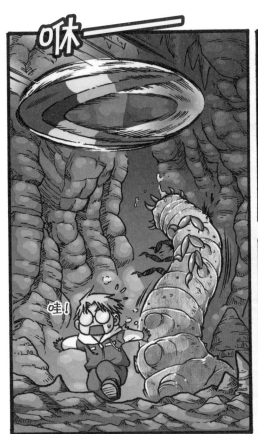

哇!

怎么回事?
竟然没追来?

被躲开了!

没事吧,
小尚?

没……
没事。

我们真
的很幸运
……

那只虫竟
然临阵退
缩……

哇哈哈哈——
一定是被我
的回力镖吓
跑了!

明明都
没打中还
自夸。

真不要
脸……

大家!
快来集合!

什么?

想不到
一度消失了
的线索
……

又重
现了!

嗖——!

菲立大哥,
你刚刚说的
线索是怎么
一回事?

就是这么
一回事!

嗯
……

等等！这个不会是追踪器一类的东西吧？

没错！

猜对了！

刚刚我射出的子弹带有追踪器……

接下来只要追着信号走……

就能找到地狱之虫的巢穴了吧！

没错！

现在要做的只有一件事……

全速朝目标前进！

咦？
这是什么?!

石头，情况如何了？

小问题罢了！20分钟就可以修好！

辛苦了……

真是对不起……

一时被眼前的地狱之虫吸引，而忘了注意周围的情况……

菲立大哥，你不是说过在地底发现新的东西总是让人特别兴奋吗？

虽然只有短短20分钟，但这种时候才更应该好好看看这片美丽的地方啊！

对啊，菲立大哥！你太拘泥小事了，应该注意眼前的事！

等等，我说小宇你在干吗啊？

干吗？当然是拿眼前这些美丽的石头回去留作纪念啊！

不准拿！给我放下！

没问题的……

虽然修理花了些时间，但以这个速度前进还是追得上的。

嗯？

石头真是的，有空调还流汗！脂肪太多了吧！

啪！

?

石……石头?!

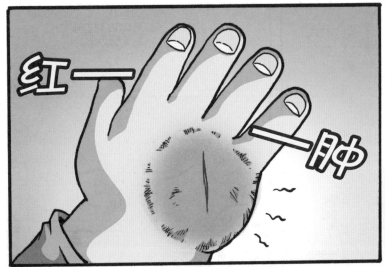

怎么会这样?

刚才在修理时,被附近的石头割伤了。

明明已经清洗过伤口了啊,怎么会肿成这样?

这应该是细菌感染了……

地底的细菌是非常多的。随便一个小伤口就可以严重到让你截肢。

现在必须把他送去医院才行。

等等，大哥！现在回去的话，再找到地狱之虫可就没那么容易了！

你们这群混蛋！是想丢下石头不管吗？

真的很对不起……

我必须把这群小孩送回地上才行……

大哥……

随便你……

刚刚真是不好意思，我代他们向你道歉。

没关系的……

沙……

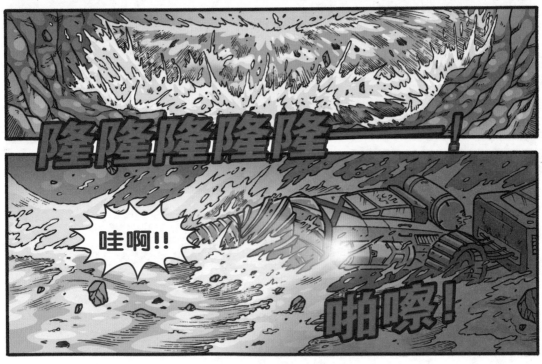

以科学的角度看

生长在地底的植物

植物和人类一样需要足够的养分和水分，这样才能开花结果。植物一般都离不开光合作用，但却有一部分植物能生长在地底。原因是它们已把主要的养分都存在了地下的部位。不同的植物把养分藏在不同的部位里，例如藏在根、茎里，还有的藏在果实里。

肉质根

由主根和胚轴膨大发育而成，外形呈圆锥状或纺锤状。

萝卜

胡萝卜

甜菜

块根

由侧根或者不定根膨大而成，一株上可形成许多块根。

番薯

块茎

地下茎末端肥大成块状，是适应贮藏养料和越冬的变态茎。

马铃薯

洋姜

球茎

地下茎膨大成球形、扁形或者长形，有明显的节和节间。

芋头

果实

花生是少有的"在地上开花，在地下结果"的植物，而且一定要在黑暗的土壤环境中才能结出果实。

花生

生存在地底的动物

把土挖开，你可能会发现地下竟然藏着一些小动物。它们并不是被埋在土里的，而是自己选择钻进洞里生活的。它们把自己藏在洞里是因为比较喜欢潮湿的地方，或者想避开猛烈的太阳，又或者是想躲避想要吃掉它们的敌人。

节肢动物

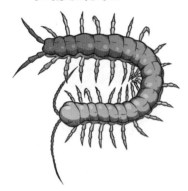

蜈蚣

喜欢躲进阴暗、潮湿、温暖、空气流通又多石少土的洞里。夜行性动物，天暗了才会悄悄地爬出来寻找食物。

马陆

喜欢钻进阴湿的土缝里，一般白天不会出现，到晚上才会出来危害植物。一旦被触碰就会立刻把身体卷起来装死，直到觉得安全了它才慢慢恢复原形。

蝎子

蝎子跟蜈蚣有点相似，喜欢阴暗的环境，可是它却害怕潮湿。大概晚上8点至11点会出来寻找食物，凌晨2点至3点便会乖乖回家休息。

两栖类

青蛙

青蛙平时生活在陆地，一到冬天就会挖个洞躲进去过冬。冬眠期间，青蛙可以几个月不吃不喝，一动也不动。

小常识

冷血动物需要冬眠，那是因为冷血动物的体温会受到气温的影响。气温变冷，它们的体温也会跟着下降，到了一定的程度后冷血动物就会被冻死。所以这段时间，冷血动物必须冬眠。

哺乳类

田鼠
田鼠喜欢在地里四处钻洞，生活在地底下的原因之一是可以躲避敌害，如猫头鹰和猫。

兔
兔子特别喜欢钻洞，可以静静待在洞里很久都不出来。据说兔子的祖先都是住在洞里的，在洞里钻来钻去比较有安全感。

貉
喜欢挖洞，成双成对地安居在洞里。白天多会在洞里睡觉，夜晚才会出来寻找食物和活动。

爬虫类

蛇
蛇和青蛙一样，虽然生活在地面，但一到了冬天，它就会躲进洞里冬眠。一般睡上一觉就是好几个月，直到春天花开它才肯醒，醒后再爬出地面寻找食物。

蛇必须集体冬眠，单独一条的话很可能会被冻死。

昆虫类

蚂蚁

一家人躲在温暖潮湿的土壤里是蚂蚁的最爱。蚁巢规模较大，它们很容易分配好自己的房间。不分白天或黑夜，只要发现食物，它们就会齐心协力搬走。

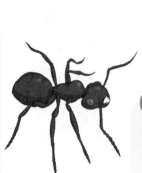

双尾虫

非常害怕光，一旦遇到光就会迅速躲避，这也是为什么它会活在洞里。

第一年

蚁后的翅膀会掉落

蚁后寻找合适的地方建造蚂蚁窝

在窝里产下卵后精心地照顾

蚁后用嘴来喂哺幼虫

下一年

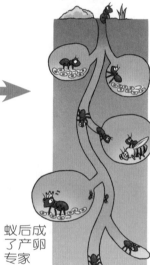

蚁后成了产卵专家

工蚁接手照顾蚂蚁卵

工蚁把从外面带回来的食物收藏好

蚂蚁的窝越挖越大

蚂蚁的数量一年比一年多，蚂蚁窝也跟着越挖越大

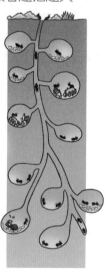

软体动物

蜗牛

害怕太阳却喜欢雨水的蜗牛，最爱的就是生活在湿润的土里。

环节动物

蚯蚓

喜欢安静和黑暗的蚯蚓，无论是采食或者交配都是在夜间进行。蚯蚓的活动时间通常是晚上8点至早上4点。若在太阳猛烈的情况下看见蚯蚓出没，那它一定正忙着寻找可以躲避紫外线的地方。

第6章
巢穴

……

大家都没事吧?

没事,不过你们的蝎子号被冲到另一边了。

没关系,要回收太勉强了,就这样离开吧!

按！

如何，石头？

不行，试了几次都一样，毫无反应……

看来……

引擎坏了！我们被困在这里了……

石头！要放弃还太早了吧！还有小S可以联络博士啊！

不，小宇！我劝你还是放弃比较好哦！

什么时候到我头上的？

别废话了！快联络博士吧！

我试过了，没信号，我也没办法。

看来该放弃的是你！没用的机器人，丢掉好了！

哇啊！

等等，引擎的话，应该是有备用的……

有备用引擎?!

咦?

就是这个

他们几个就算了，你们两个竟然不知道我们有备用引擎吗?!

那是你负责的，不关我们的事。

你说的是真的吗，西罗大哥?

没错，而且刚才我发现我们引擎的机构是一样的。

那还等什么？现在就去拿引擎……

慢着！

怎么会这样?! 难道我们要在这干等吗? 石头的手可撑不了那么久……

只因他们现在处于休眠状态。

我并没有说我们不去拿引擎啊……

只是我们必须要有计划才行……

啪！

窥探……

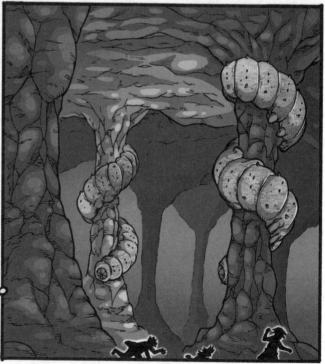

别忘记密码了!

放心交给我吧!

按——

开……

呼，我还担心我们进不来呢！

进不进得来不是我们该担心的……

是这个设错了！

能不能把这东西安全送达目的地才是我们该担心的……

去拿手推车！

吵死人了，给我回去！

先等一下……

怎么了，菲立大哥？

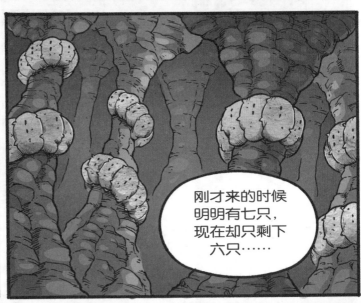

刚才来的时候明明有七只，现在却只剩下六只……

还有一只不知跑到哪儿去了……

咔嚓！

咔嚓！

喂喂喂！一只已经够缠人了，现在还来三只?!

沙……

啪嚓！

西罗大哥！我知道一个甩开敌人的方法，能试试吗？

那……那就试试吧！

Z字形跑法——面对穷追不舍的敌人时，采取此跑法能有效拉开距离。

左转

右转

如何？稍微甩开了吧！

不要松懈了！那群"香肠"还在你们后头……

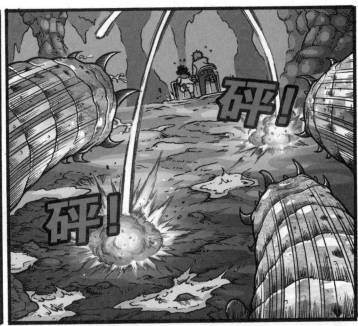

砰！

砰！

砰！

砰！

砰！

不好，有一只"香肠"钻到土里去了！

裂！

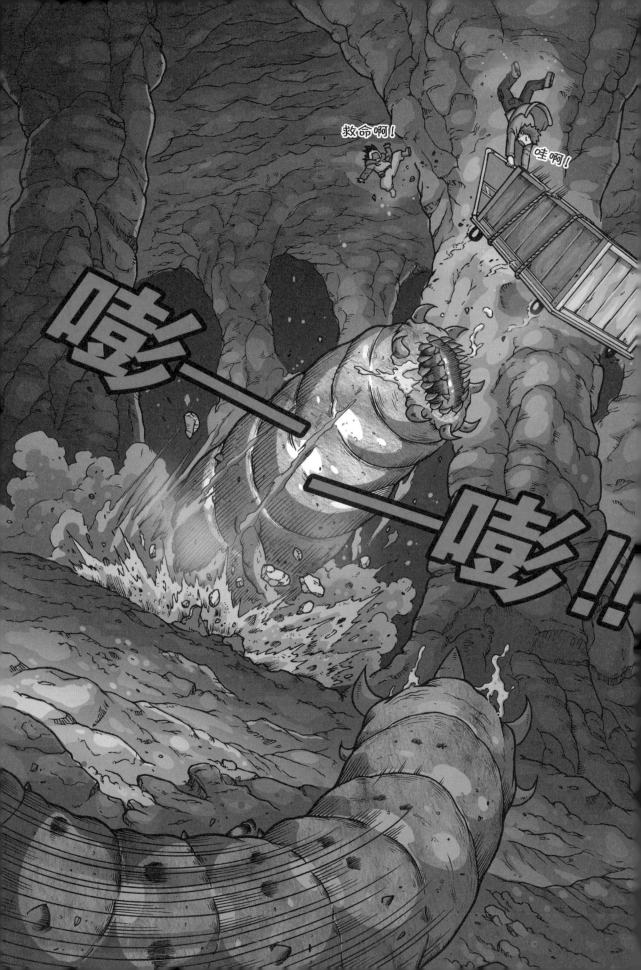

地幔

地幔处于地壳和地核之间，厚度约为2900千米，富含铁和镁的硅酸盐矿物。地幔主要分成上下两层，多数学者认为从莫霍面起向下至1000千米深处止为上地幔，1000千米至2900千米深度之间为下地幔。

地球结构

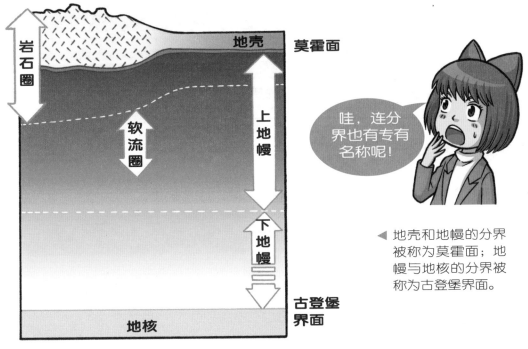

哇，连分界也有专有名称呢！

◄ 地壳和地幔的分界被称为莫霍面；地幔与地核的分界被称为古登堡界面。

*绘图所需，并不代表实际比例

软流圈

软流圈是地幔的一部分，位于岩石圈的下面。软流圈和岩石圈的界线被定义在1300℃等温线，即温度低于1300℃的属于岩石圈，而超过1300℃的是软流圈。软流圈的上界约为地表以下50千米至150千米，下界约为250千米至400千米。

	岩石圈	软流圈
结构	比较坚固	比较软、温度高、能缓慢流动
成分	包含大陆地壳、海洋地壳和部分上地幔	由部分熔融的岩浆组成

地幔对流

地球内部的热流由下地幔往上升，达到上地幔时受冷，热流往外扩散，再下降至下地幔，这个过程被称为地幔对流。这种运动过程会带动板块移动，与地震及火山爆发息息相关。

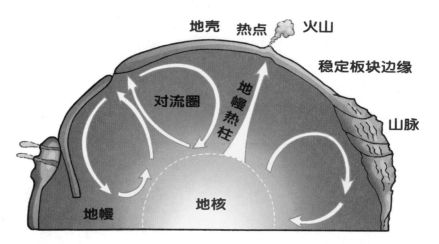

地幔热柱与热点

地幔热柱把接近地核的高温岩浆带到地幔的上层去。而随着热柱尾端的细柱继续上升，并在固定位置不断地提供岩浆，就形成了热点。

夏威夷群岛火山的形成

夏威夷群岛火山的形成就是热点与板块运动的证据。

❶ 最早形成的火山（约于数百万年前）已经移动到距离热点数千千米之外，有些沉入海底，只有少数还能勉强探出海平面。

❷ 板块运动使火山逐渐远离岩浆源头。侵蚀作用开始影响火山地形，昔日的火山逐渐变小。

❸ 距离热点最近的火山会得到最多的岩浆供给，并迅速增大。

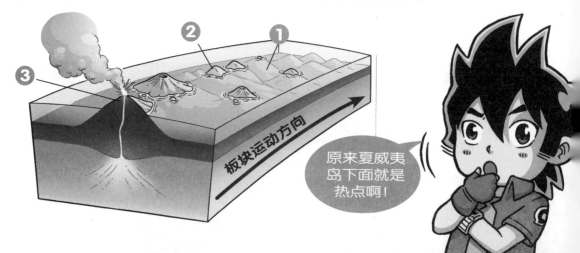

第7章
真相

嗖——！

我可不能倒在这里……

石头他……

还等着我把引擎送过去呢……

我……我现在是在地狱之虫身上吗?

你是怎么飞到这里的?

西罗大哥,虽然我在学校考试都是拿0分……

嘿嘿……

但是我的体育可是爆表的1000分啊!

接下来要请你抓紧了! 我们要靠这只地狱之虫……

什么?

是这里了，小宇！

就等你这句话了！

咻——

嘶嘶嘶嘶！

咻——

之前我在附近的石柱放了炸弹减弱了上方土层的支撑力……

现在只要在脆弱的地方来点破坏……

最后一发！

啪！

上方的土层就会崩塌！

砰——！

小S，快去扫描······

这下地陷的凶手都被解决了，这次事件算圆满结束了吧！

嗯，希望如此······

扫描！

你纠结什么呢？想想博士如何称赞我们吧！

呵呵呵······

你怎么这么无聊······

小宇，小尚！引擎弄好了！······

石头······

太好了！你们都没事！

这是理所当然的吧！倒是石头你的手没事吧······

已经肿得跟包子一样大了……

哇！因为有止痛药，所以到现在都感觉不到疼！

好大！

等等！你们有看到大哥吗？

对了，菲立大哥之前在掩护我们的……

别担心，我在这……

大哥！

多亏你们引开其他虫子，我才能勉强解决缠着我的那只！你们这群小孩果然不简单！

你还活着真是太好了，大哥！这次的采油行动一定能让我们大赚一笔的！

等等，笨蛋！别在这里说！

采油？大赚一笔？

不，你们听错了！不是采油，是加油才对……

像是石油之类的……

要采油的话，应该是可以的！

刚刚在扫描这些地狱之虫时发现，它们的口部和血液中有着石油的成分和能够分解出石油的细菌……

再加上这里的岩层构造是适合油藏形成的条件……

由此推测，只要在地狱之虫的巢穴附近，就必定会有石油。

……

菲立大哥，你们不会是为了石油而来的吧？

本来不想这么早说的。不过算了，反正也没差……

我们从开始追寻地狱之虫起的目的就只有一个……

嘿嘿……

那就是它们巢穴附近的石油！

原来如此！这就说得通了，为什么地狱之虫出现多年，近年才发生地陷事件！

本来地狱之虫能够和我们相安无事一直活在地底。不过当我们发现它们与石油有关后，情况就不同了。

可恶！知不知道这几年你们随便开采对环境造成了多大的破坏？

拜托你们住手吧！

别开玩笑了……

之前我们发现的是小油藏啊！这次这么大的巢穴，油藏一定很大，当然要赚个够！

之前的小油藏已造成那么大的破坏，那么这次不就……

看来我们立场不同啊……把他们绑起来！

嗞——

石头，没事吧？

放我出去！

没什么，只是手开始痛了……

放心吧！再过8小时他才会挂掉！

你说什么？混蛋！

冷静点……

……

菲立大哥，我不明白，明明那么喜欢地底世界，现在却在破坏……

只能说，我看得比你现实一点……

好吧！那我来问你……

之前看到的钟乳石洞和石油，对你来说是什么？

美丽的洞穴和地球资源……？

不对！它们两个都只是"东西"而已！

究其价值，就是能不能赚钱的东西罢了。

我只是选了能赚钱的后者罢了！

这里差不多好了，去叫大哥过来。

知道了！

大哥，我们这里……

外核

地核可分为外核和内核两个部分，其中外核位于地幔底部和内核顶部之间，其顶端距离地表约2900千米，厚度约2200千米，温度约为4400°C至6100°C。外核的主要成分为铁和镍，同时还有硫和氧等元素。虽然外核压强极高，但在高温的作用下，当中的铁和镍无法形成固体，而是以低黏度的液体形态存在于外核中，所以外核是液态的。此外，外核还会随着地球的自转和公转而缓慢地不停流动。

外核

地核中有生物吗？

以现今的科技水平，人类无法去到地核，而且实验室中也难以模拟它的环境，因此科学家只能通过对地壳、火山喷发物和地震波的研究来进行推测。至今仍无证据证明地核有生物，不过如果地核真的有生物，那它们很有可能为了适应高温、高压和高密度的环境，而演化出独特的外形和构造。

地磁场

地球本身是一个很大的磁体，而地磁场就是地球产生的磁场，虽然看不到也摸不着，却与地球上的生物息息相关。科学家认为地磁场源自地球的外核，因当中的液态铁和液态镍的对流而产生。

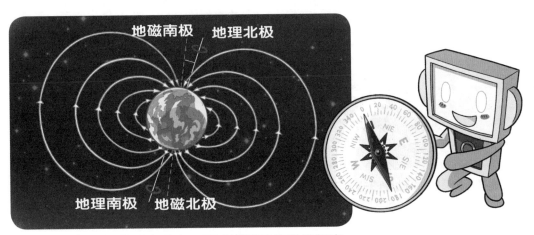

▲ 两极附近的磁场强度最大，而赤道附近的磁场强度最小。

129

磁圈

地磁场会一直向地球外的太空延伸形成地球磁圈，然而地球的磁圈并非是球状的，其形状会受到太阳风的影响而不停地改变。在面向太阳的一面，磁圈会被太阳风的带电粒子挤压；在背向太阳的一面，磁圈则会延伸至外太空。

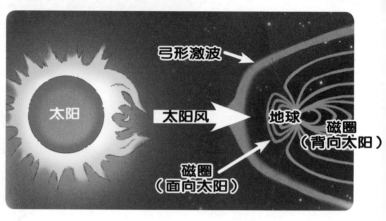

弓形激波

太阳风

太阳

地球

磁圈
（背向太阳）

磁圈
（面向太阳）

如果地磁场消失了

地磁场的强度和磁极位置一直都在改变，而且平均每45万年就会发生一次地磁逆转的现象，即地磁北极和地磁南极的对调。其间地磁场的强度会减弱，甚至可能会消失一段时间。如果没有了地磁场，将会带来极大的影响。

宇宙射线直接进入地球

地磁场减少了来自太空的宇宙射线对地球的侵害，一旦地球上的生物暴露在致命的宇宙射线下，将会受到强烈的辐射伤害，进而基因突变甚至死亡。

太阳风直袭地球

地磁场阻挡了大部分太阳风。若太阳风袭击地球，不仅会让人造卫星无法正常运作，还会使电子仪器受损、输电网发生故障、无线电通信受到强烈干扰以及全球定位系统和指南针失去作用等。

依靠地磁场导航的动物失去方向感

有许多动物如海龟、候鸟和信鸽等都能利用地磁能来辨认方向，尤其在长途迁徙时，更是需要依靠地磁场导航才能到达特定的目的地。如果地磁场消失了，会严重影响它们的生存。

极光消失

极光是太阳风中的带电粒子在地磁场的作用下，与高层大气的原子和分子发生碰撞而形成的发光现象。因此当地磁场消失，这种天文奇观也不会出现了。

第8章
冲出地底

唔……

混蛋！这臭虫竟然把……把科特给……

看我把你干掉！

嗖——

你们快走吧！

趁我还有能力拖住它的时候……

喝！

吼！

你想找死吗?!

咚！

可恶！我讨厌你这家伙！可是如果不跟你合作的话……

我们全都会死在这里！

哈哈……看来要暂时委屈你们一下了……

咔嚓!

晶!

想不到还有这功能。

现在就差小宇那边了……

好了吗?

大叔!

这样真的能成功吗?

嘿,你忘了我们的标签是大胆和好运吗?一定会成功的!

啪嚓！

啪嚓！

我的回旋镖虽然对体形庞大的你效果不大……

但如果用水来导电的话，就不一样啦！

石头，是时候了！

了解！

按！

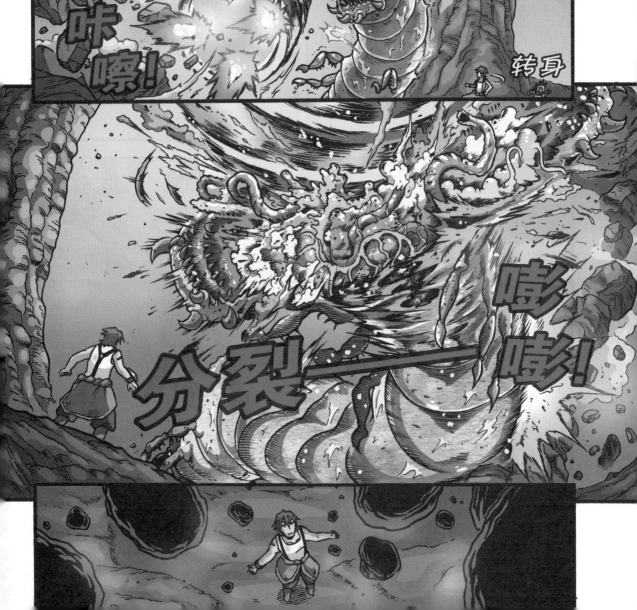

小宇！
菲立大哥！

啪嚓！

啪嚓！

可恶！
小宇！

没……没事！
我们在这……

为什么……为什么刚刚要拉我一把？像我这坏蛋被碎石压死不正合你意吗？

是啊……之前我的确是那么想的……

但是那样太便宜你了！

我要让你出去看看你对这世界做了多么严重的破坏……

然后你要活着来赎罪！

啊……有出去的念头是很好的！但其实……

咔嚓！

什么啦？

钻头刚刚被射出去了，所以现在我们的钻土机没法钻洞了……

光秃秃

就是说我们被困在这里了？

没错，继续困在这里。

我比较严重，手受伤了还困在这里……

果然应该像"萝卜"大叔说的，开始录下遗言……

至……至少我们不是死在虫口下……

安娜姐，很遗憾本来准备了很多美丽的石头给你的，但现在看来……

喂，那时候不是叫你别拿的吗？结果还是……

等等！美丽的石头？

是啊！我拿了很多！要骂就骂吧！

不！或许我们有救了！

?

博士，还是没信号吗？

可恶，我不该为了省经费而用便宜的信号器的……

哔！

有信号啦！快！

没问题吧？

呼——

哦……

我们在
这……

晶——

想不到你们还挺机
灵的嘛，还懂得用
发现的石头当钻头
用。要知道这美丽
石头的硬度可媲美
钻石啊！

话说，那个酷酷
的大哥是谁？怎
么不介绍下？

原来你
喜欢这类型
的啊……

哦，这高度
刚好！菲立
大哥，你过
来看吧……

喂，
不理我？

的确你们挖的范围不广……

怎么会？这里都是我们造成的吗？可是我们挖的范围没这么广啊……

但是大量的开采就会造成地质的性质改变，甚至对附近土层产生影响而引发大面积的地面下沉……

滔滔　不绝

够了，小尚！这时候就不要做讲解啦！

抱歉！一不小心就……嘿嘿！

菲立大哥，我不像小尚懂得那么多的知识……

但是我知道，地球，它是我们的母亲……

你难道……想亲手把这孕育出你的母亲给杀了吗?!

亲手把孕育我的母亲给……

嗒!

对……对不起……

对不起……

对不……

虽然很想问发生了什么事，不过还是等下再说吧……

嗯……

以科学的角度看

内核

地球的内核被外核包覆着，是地球最中心的部分。内核深度约为5100千米以下至地心，半径约为1220千米。内核是地球中温度最高的部分，温度可达五六千摄氏度。内核与外核一样，主要是由铁和镍组成，不过内核中的铁和镍是固态的。据说，内核里面还有一个半径约650千米的铁球。

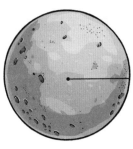

地球内核
半径：1220千米

月球
半径：1737千米

▲ 如果把内核从地球中取出来的话，内核看起来就有如一个炽热的固态铁球，其半径约为月球半径的百分之七十。

地球内核的温度比外核高，为什么内核的铁和镍呈固态，外核的铁和镍却呈液态呢？

主要是因为两者的铁和镍的熔点（物质从固态转变为液态的温度）不同。物质的熔点与所受的压强有关，通常压强越大，熔点越高。虽然地球内核的温度比外核高，但内核中的压强高达360万个大气压，使得当中的铁和镍的熔点大于内核的温度，因此不会熔化成液态。而外核中的压强并不足以让铁和镍的熔点超过其温度，自然就会受高温的影响而变成液态了。

地核的形成

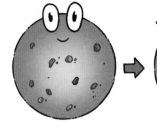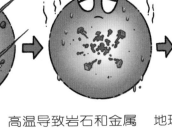

大约46亿年前，刚诞生的地球内部由岩石与金属混合构成。

当时的地球经常会与其他小行星发生碰撞，而碰撞后所释放的能量使得地球的温度升高。

高温导致岩石和金属开始熔化和分离，其中较轻的岩石、金属和其他的物质浮到了地球表面，而较重的铁和镍等则大部分都沉到了地球的中心。

地球中心的铁和镍聚在一起形成了地核。在高温的作用下，外核部分的铁和镍始终保持液态，但在更深处的铁和镍却因巨大的压力，而形成了固态的内核。

地球空心论

地球空心论认为地球是一个中空的星球，而且通常还认为地球内部的环境同样适合人类居住。由于从未有人真正到过地球内部或见过地球内部的情况，因此至今仍有人支持这一理论。不过地球空心论缺乏科学证据，大部分科学家都相信地球是一个内部可分为地壳、地幔、外核和内核的实心星球，并认为地球空心论只是伪科学。

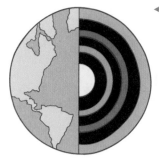

◀英国天文学家爱德蒙·哈雷于1692年提出地表下有三个同心壳，壳之间有大气层。哈雷还认为极光现象是由地球内部大气层泄漏出来的光所形成。

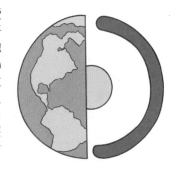

◀瑞士数学家莱昂哈德·欧拉认为地球只有最外面的壳，两极处有开口，而内部有一个直径约1000千米的太阳，为地球内的文明带来光明。

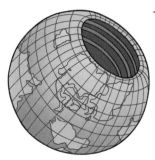

◀小约翰·克里夫·西蒙是于1818年提出地球的最外层是一个厚达1300千米的外壳，而在两极处各有约2300千米宽的开口。

◀"内凹"假说认为人类所生活的地球表面其实是在一个球体的内部，而宇宙也在这个球体之中。

反驳地球空心论的科学证据

要证明地球不是中空的星球，最直接的方法就是钻一个直达内核的洞，虽然人类现今的科技仍然无法做到这一点，不过还是可以用地球引力和地震波数据来反驳地球空洞说。

❶ 地球引力

行星大多都是质量大的物体在被引力吸引到一起后形成的实心球体。如果地球是中空的话，其质量会比已知的小很多，而且将无法与引力抗衡，并导致地球崩塌。另一方面，中空的地球内部会是失重的状态，当中的生物将很难站立。

❷ 地震波数据

地震波是指在地球内部传递的波。科学家根据地震波的数据推算出了地球内部的地幔、外核和内核的结构。如果地球是中空的话，地震波的数据将会与已知的有很大的差别。

别想溜！ 看完精彩
的漫画 接下来是考考你学
会了多少的时间了！

01 地球形成于多少年前？
A. 46亿

B. 54.5亿

C. 55.4亿

02 地球的构造由外到内，以下哪一项是正确的？
A. 地壳、外地核、内地核、地幔

B. 外地核、地壳、地幔、内地核

C. 地壳、地幔、外地核、内地核

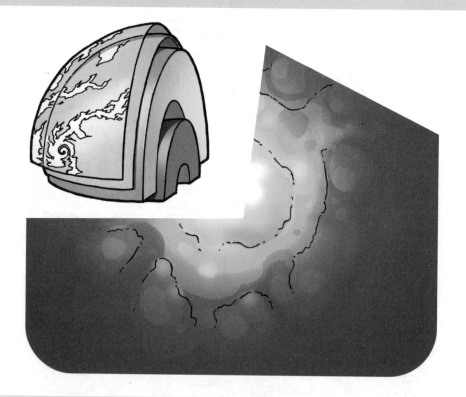

03 以下关于地壳的说明，哪一项是错误的？
A. 地壳与一部分上地幔形成岩石圈

B. 大陆地壳和海洋地壳的厚度没有差别

C. 地壳是由火成岩、变质岩和沉积岩构成的

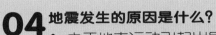

04 地震发生的原因是什么？
A. 由于地壳运动引起岩层错动
B. 由于地幔运动引起岩层错动
C. 由于地核运动引起岩层错动

05 下列哪一种不属于化石燃料？
A. 煤炭
B. 石油
C. 石英

06 图中的火山喷发属于哪一种形式？
A. 培雷式喷发
B. 夏威夷式喷发
C. 普林尼式喷发

07 在地上开花地下结果的植物是什么？
A. 萝卜
B. 花生
C. 马铃薯

08 蛇集体冬眠的原因是什么？

A. 比较不容易冻死
B. 比较不容易被敌人攻击
C. 比较不容易被困在洞穴中

09 软流圈与岩石圈的分界线是多少度的等温线？
A. 325℃
B. 650℃
C. 1300℃

10 地磁场是由地核中哪两种物质对流产生的?

A. 液态铁、液态铝

B. 液态铁、液态镍

C. 液态铝、液态镍

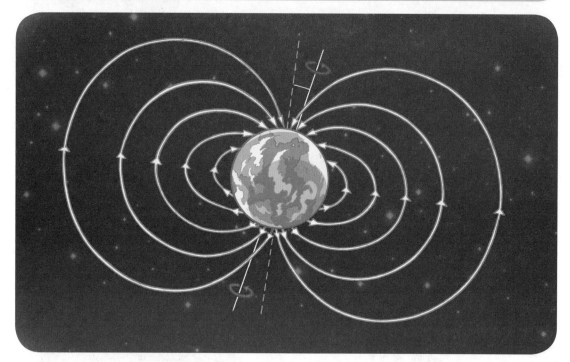

11 海龟不会在长途洄游中迷路的秘诀是什么?

A. 它们懂得跟踪船只

B. 它们具有很强的记忆力

C. 它们能利用地磁来辨认方向

12 以下对内核与外核的描述,哪一项是正确的?

A. 地磁场最可能源自内核

B. 内核是液态的,外核是固态的

C. 内核与外核都是由同样的金属组成

答案揭晓

01 A	05 A	09 C
02 C	06 C	10 B
03 B	07 B	11 C
04 A	08 A	12 C

全答对者

不错不错！
跟我不相上下！

答对10至11题者

悄悄告诉你，
其实我比博士聪明！

答对8至9题者

要像我一样活用知识，
才不会变书呆子哦！

答对6至7题者

下一次的练习题，
我的分数一定比你高！

答对4至5题者

看来我要恶补了！
有谁要一起去图书馆吗？

答对0至3题者

呃……
大家一起加油吧！

153

图书在版编目（CIP）数据

地底世界大冒险 /（马来）陈葆元著；马来西亚氧
气工作室绘 . -- 北京：石油工业出版社，2024.7.
（探秘大自然）. -- ISBN 978-7-5183-6762-7

I. P–49

中国国家版本馆 CIP 数据核字第 2024AY8023 号

© 2024 KADOKAWA GEMPAK STARZ
All rights reserved.
Original Chinese edition published in Malaysia in 2024 by KADOKAWA GEMPAK STARZ SDN. BHD., Malaysia.
Chinese (simplified) translation rights in China arranged with KADOKAWA GEMPAK STARZ SDN. BHD., Malaysia
through Chengdu Xiye Culture Technology Co., Ltd.

有关本著作所有权利归属于马来西亚角川平方有限公司 (KADOKAWA GEMPAK STARZ SDN BHD)
本著作简体中文版由角川平方有限公司通过成都喜也文化科技有限公司，授权石油工业出版社有限公司在
中国大陆地区独家出版发行。

北京市版权局著作权合同登记号：01–2024–3255

 地底世界大冒险

[马来] 陈葆元 / 著　　　马来西亚氧气工作室 / 绘

出版发行：石油工业出版社
　　　　　（北京安定门外安华里 2 区 1 号楼 100011）
网　　　址：www.petropub.com
编 辑 部：（010）64523689
图书营销中心：（010）64523633
经　　　销：全国新华书店
印　　　刷：三河市万龙印装有限公司

2024 年 7 月第 1 版　 2024 年 7 月第 1 次印刷
787 毫米 × 1092 毫米　开本：1/16　印张：10
字数：80 千字

定价：58.00 元
（如出现印装质量问题，我社图书营销中心负责调换）

版权所有，翻印必究